PRATIQUE ET THÉORIE

DU

SACCHARIMÈTRE-SOLEIL

ANCIEN ET NOUVEAU MODÈLE

ÉVALUATION DE LA RICHESSE D'UN SUCRE

OU

D'UNE DISSOLUTION SUCRÉE QUELCONQUES,

PAR M. L'ABBÉ MOIGNO,

Auteur des Leçons de Calcul différentiel et intégral, du Répertoire d'Optique moderne, du Traité de Télégraphie électrique; Rédacteur du Cosmos, revue encyclopédique hebdomadaire des Progrès des Sciences.

PARIS.

CHEZ M. JULES DUBOSCQ, 21, RUE DE L'ODÉON;
A. FRANCK, RUE RICHELIEU, 69;
LEIPZIG, MÊME MAISON.

—

1853

ACADÉMIE DES SCIENCES :

Conclusions du rapport sur le Saccharimètre lu par M. Babinet au nom d'une commission composée de MM. Arago, Regnault, Babinet.

« En résumé, l'instrument de M. Soleil est d'une dimension commode, d'un pointé précis : il donne par compensation des *mesures exactes* du titre des liquides sacharifères; souvent même, sans avoir besoin de les décolorer; il permet de choisir facilement une teinte sensible; il se prête de jour et de nuit, et dans tout local, à l'emploi de la lumière naturelle ou artificielle et au service de la *manufacture;* enfin, ses *indications se trouvent toujours d'accord avec elles-mêmes,* sans exiger des notions scientifiques préalables dans celui qui en fait usage. Votre commission vous propose de donner votre approbation au Saccharimètre de M. Soleil, et de décider que les notes relatives à la compensation, à l'illumination par teintes variables et au pointé par les teintes simultanées des demi-disques à rotation inverse, avec la gravure de l'instrument et les détails de la construction, seront insérés dans le *Recueil des savants étrangers.* » Les conclusions du rapport ont été adoptées à l'unanimité.

SOCIÉTÉ D'ENCOURAGEMENT :

Conclusions du rapport fait par M. Edmond Becquerel au nom du comité des arts économiques.

En résumé, le Saccharimètre de M. Soleil réunit à une manœuvre prompte et facile une grande sensibilité, et permet à des personnes qui ne sont pas familières avec les expériences de physique de mesurer d'une manière suffisamment exacte le pouvoir rotatoire des dissolutions sucrées, même lorsque les dissolutions sont légèrement colorées. Cet appareil, construit avec toute la sagacité et la précision que l'habile opticien apporte dans la pratique de son art, est donc destiné à rendre de grands services aux sciences et à l'industrie. En conséquence, le comité des arts mécaniques a l'honneur de vous proposer d'approuver le Saccharimètre-Soleil.

PRATIQUE ET THÉORIE

DU

SACCHARIMÈTRE-SOLEIL

ANCIEN ET NOUVEAU MODÈLE.

ÉVALUATION DE LA RICHESSE D'UN SUCRE

OU

D'UNE DISSOLUTION SUCRÉE QUELCONQUE,

PAR M. L'ABBÉ MOIGNO.

PARIS. — IMPRIMÉ PAR PLON FRÈRES, 36, RUE DE VAUGIRARD.

PREMIÈRE PARTIE.

MANIPULATION DU SACCHARIMÈTRE.

I. Ancien modèle de M. Soleil, planche I.

Considéré au point de vue de la théorie, le saccharimètre est un instrument savant et compliqué ; mais au point de vue pratique, il est extrêmement simple. Les employés de l'administration, les fabricants de sucre et les raffineurs ne doivent y voir qu'un tube formé de trois parties, dont deux fixes, fig. 1, comprenant les deux extrémités de A à B et de C à D, l'autre mobile formant la portion centrale que l'on insère entre B et C, et qui est tantôt le simple tube B C, fig. 2, long de vingt centimètres, tantôt le tube B′ C′, fig. 3, long de 22 centimètres, et muni d'un thermomètre T. Ces tubes ont été remplis de la dissolution sucrée dont on veut déterminer le titre par le procédé que nous exposerons dans la seconde partie de cette instruction.

L'opérateur aussi ne doit faire attention qu'à cinq organes ou parties mobiles, sur lesquelles seules il doit agir :

1° Le petit tube mobile D D′, contre lequel il applique son œil, et qu'il enfonce ou retire vers lui, de manière à voir distinctement à travers le liquide ;

2° Le petit bouton vertical *b* situé à droite, fig. 1 et 1 bis, qui sert à régler l'instrument ;

3° Le grand bouton horizontal H placé en dessous, par lequel on rend uniforme la teinte de l'objet de la vision ;

4° Le bouton vertical V situé en face, à l'aide duquel on donne à ce même objet de la vision la teinte ou la couleur la plus propre à une évaluation précise ;

5° Enfin, la règle divisée R R′, placée en dessus, sur laquelle on lit le nombre qui donne la richesse du sucre examiné.

MANIÈRE D'OPÉRER.

1° Devant l'ouverture A de l'instrument on place une lampe modérateur ou toute autre bien allumée, de manière que la lumière passe par l'axe de l'instrument et le traverse.

2° Avant tout l'opérateur regarde la règle divisée RR′ de son appareil, et voit si l'index ou la ligne noire I, fig. 1 bis, qui sur cette règle indique les divisions, correspond exactement au trait o, ou à ce qu'on appelle le point zéro, point de départ absolument nécessaire : on tournera donc à droite ou à gauche le petit bouton vertical *b*, de manière à faire que l'extrémité de la ligne I coïncide exactement avec le trait marqué o.

3° On remplit d'eau pure un tube semblable au tube B C, et on l'insère dans l'appareil à la place qui lui est réservée, entre B et C ; puis, plaçant son œil en O, l'on enfonce ou l'on retire le tube mobile D D′, jusqu'à ce qu'on voie distinctement à l'extrémité A du tube située du côté de la lampe une surface circulaire ou un cercle rond partagé en deux demi-disques ou demi-cercles égaux, colorés chacun, soit d'une seule et même teinte ou nuance, fig. 4, soit de deux teintes ou nuances différentes, fig. 5, et séparés par une ligne noire qui doit apparaître bien tranchée et bien nette.

4° Si, comme cela arrive en général, les deux demi-disques n'ont pas la même teinte, ne sont pas colorés de la même nuance, on tournera le grand bouton horizontal H, soit vers la droite, soit vers la gauche, jusqu'à ce que les teintes ou couleurs des deux demi-disques soient parfaitement identiques, et que l'œil ne puisse discerner entre elles aucune différence.

5° Ce n'est point assez que les deux demi-disques aient la même teinte, la même couleur ; il faut, de plus, pour que l'opération ait tout le degré d'exactitude qu'elle doit donner, que cette teinte uniforme soit la teinte la plus sensible. Cette teinte la plus sensible n'est pas la même pour tous les yeux. Voici comment chacun reconnaîtra celle qui est propre à son œil, et avec laquelle il devra toujours opérer. Si, en même temps qu'il applique son œil contre l'ouverture D du saccharimètre, il fait tourner le bouton vertical V, il verra que la couleur des demi-disques change sans cesse et qu'elle ne redevient la même qu'après un demi-tour. Admettons qu'il s'arrête ou cesse de tourner quand les deux demi-disques sont jaunes : si ces deux demi-disques alors n'ont pas absolument la même couleur, si leurs nuances ne sont pas tout à fait uniformes, il reprendra le grand bouton horizontal H et le fera tourner jusqu'à ce qu'il ait rétabli une uniformité parfaite. Les deux demi-disques sont donc colorés de la même teinte jaune, et l'œil les voit parfaitement identiques. Si maintenant, reprenant le bouton vertical V, l'observateur le fait tourner très-doucement dans le même sens, au jaune il verra succéder le vert, au vert le bleu, au bleu l'indigo, à l'indigo le violet, et s'il regarde attentivement il rencontrera très-probablement une certaine nuance pour laquelle l'uniformité de teinte, établie primitivement pour le jaune, n'existera plus ; il verra une différence qu'il n'avait pas saisie d'abord. S'il répète plusieurs fois et à des jours différents cette même épreuve, il constatera que la nuance qui lui manifeste une différence là où avec une autre couleur il voyait l'égalité ou l'uniformité de teinte est toujours la même; or, cette teinte est pour lui la teinte la plus sensible, il devra s'y attacher et prendre toujours son pointé sur elle. Pour le plus grand nombre des yeux, la teinte sensible est une nuance bleu-violacé, qui rappelle la couleur de la fleur du lin; mais il n'est pas rare de rencontrer des observateurs pour lesquels, ce qui est une sorte d'anomalie, la teinte la plus sensible est le jaune ou une autre couleur brillante. La couleur bleu-violacé, la plus sensible pour la généralité des yeux, jouit de cette propriété que, si, lorsqu'on la regarde, on fait tourner infiniment peu le bouton vertical V, l'un des demi-disques passe subitement au rouge et l'autre au vert.

Cela posé, en faisant tourner convenablement les boutons H et V, l'observateur ne s'arrêtera que lorsque les deux demi-disques seront colorés très-uniformément de la même teinte sensible que nous lui avons appris à reconnaître, et avec laquelle il sera bientôt familiarisé.

6° On regardera si sur la règle divisée la ligne I continue à coïncider avec le trait o. Si par hasard cette coïncidence n'existait plus, on la ramènera en tournant de nouveau le bouton *b*. Mais en tournant le bouton *b* on aura troublé l'uniformité de teinte des deux demi-disques; il faudra donc la rétablir aussi en revenant au bouton H qu'on fera tourner à son tour. Si enfin le rétablissement de l'uniformité avait amené une couleur un peu différente de la teinte sensible, on rétablira cette teinte en faisant tourner le bouton vertical V.

7° Cette vérification faite, l'instrument est parfaitement réglé, et l'on peut procéder à la détermination de la richesse ou du titre de la dissolution sucrée.

8° On retire le tube rempli d'eau et on lui substitue un

des tubes remplis de la dissolution sucrée, c'est-à-dire BC si l'on opère directement, B'C' si l'on opère après inversion. En regardant après cette substitution, on verra que l'uniformité de teinte n'existe plus, que les deux demi-disques sont colorés de nuances différentes; et pour ramener l'uniformité, on tournera le grand bouton horizontal H, soit de droite à gauche, soit de gauche à droite : s'il s'agit de sucre cristallisable non interverti, c'est de droite à gauche qu'il faudra faire tourner le bouton H, du côté du chiffre 100 de la règle RR'; on s'arrêtera quand la teinte des deux disques sera redevenue bien uniforme. Mais cette teinte uniforme rétablie ne sera plus la teinte sensible à laquelle il faut cependant revenir et que la couleur propre de la dissolution a fait disparaître. On fera donc tourner aussi le bouton vertical V de droite à gauche ou de gauche à droite. Par cela même que l'on sera revenu à la teinte sensible, on verra presque toujours que l'uniformité ou l'égalité de nuances des deux demi-disques que l'on avait crue établie n'est pas parfaite, et il faudra revenir une dernière fois au bouton H pour que l'uniformité ou égalité soit absolue.

9° La teinte des deux demi-disques étant bien uniforme, bien égale, et cette teinte étant bien la teinte sensible, il ne reste plus qu'une chose à faire, c'est de regarder sur la règle divisée à quel trait correspond l'index ou ligne I celle des divisions qu'elle indique; le nombre correspondant à cette division donne immédiatement en centièmes le titre ou la richesse de la solution sucrée : si, par exemple, l'aiguille marque 35, cela signifiera que la solution sucrée essayée renferme 35 centièmes ou 35 pour cent de sucre; et ce sucre sera cristallisable si l'on a tourné vers la gauche ou si la ligne I est à gauche du zéro, inscristallisable au contraire si l'on a tourné vers la droite ou si la ligne I est à droite du zéro.

Remarque première. — Tous ceux qui, opérant pour la première fois avec le saccharimètre, se sont plaints de n'avoir rien vu ou d'avoir vu confusément, avaient oublié de mettre au point, c'est-à-dire d'enfoncer ou de retirer l'oculaire ou tube mobile DD′ jusqu'à ce qu'ils vissent distinctement la raie noire qui sépare les deux demi-disques.

Remarque deuxième. — Tous ceux qui, ayant bien préparé leur dissolution et ayant bien vu dans le saccharimètre, sont arrivés à des évaluations trop fortes ou trop faibles de plusieurs centièmes, avaient négligé de faire bien coïncider la ligne I ou index de la règle divisée avec le trait zéro. L'erreur du point de départ s'est retrouvée à la fin de l'opération.

Remarque troisième. — Ceux qui, après avoir bien suivi les instructions qu'ils avaient reçues, se trompent habituellement d'un centième ou d'un demi-centième, ne se sont pas assez exercés à reconnaître leur teinte sensible; et par conséquent ne rétablissent pas avec assez d'exactitude l'uniformité ou l'égalité de nuance des deux demi-disques.

Si l'on a bien mis au point, c'est-à-dire si l'on distinguait parfaitement la ligne noire; si l'on a bien mis à zéro, c'est-à-dire si la ligne noire I ou l'index de la règle divisée correspondait bien au trait o; si l'on a réellement opéré avec la teinte la plus sensible, et établi l'égalité de nuances avec un très-grand soin, on obtiendra infailliblement les mêmes indications en opérant avec une même solution sucrée, on lira sur la règle divisée le même nombre, et ce nombre sera à moins d'un centième près le titre réel du sucre essayé.

II. Nouveau modèle breveté de M. Jules Duboscq, planche II.

L'opérateur ne doit faire attention qu'à cinq organes ou parties mobiles, sur lesquelles seules il doit agir :

1° Le petit tube mobile ou porte oculaire D′ D, fig. 1, contre lequel il applique son œil, et qu'il enfonce ou retire vers lui, de manière à voir distinctement à travers le liquide;

2° Le petit bouton vertical V, fig. 2, qui sert à régler l'instrument, à faire coïncider le zéro de l'échelle avec le zéro de l'indicateur;

3° Le grand bouton horizontal H, fig. 1, par lequel on rend uniforme la teinte de l'objet de la vision;

4° L'anneau molleté B, fig. 1 et 2, à l'aide duquel on donne à ce même objet de la vision la teinte ou la couleur la plus propre à une évaluation précise;

5° Enfin, la règle divisée RR′ sur laquelle on lit le nombre qui donne la richesse du sucre examiné.

MANIÈRE D'OPÉRER.

1° Devant l'ouverture du saccharimètre on place une lampe modérateur ou toute autre bien allumée, de manière que la lumière passe par l'axe de l'instrument et le traverse.

2° On remplit d'eau pure un tube semblable à celui qui contient la solution sucrée, et on l'insère dans l'appareil à la place qui lui est réservée entre la partie oculaire et la partie objective; puis, plaçant son œil en D, l'on enfonce ou l'on retire le tube mobile D′D jusqu'à ce qu'on voie distinctement, à l'extrémité du saccharimètre située du côté de la lampe, une surface circulaire ou un cercle rond partagé en deux demi-disques ou demi-cercles égaux, colorés chacun soit d'une seule et même teinte ou nuance, soit de deux teintes ou nuances différentes et séparées par une ligne noire qui doit apparaître bien tranchée et bien nette.

3° Si, comme cela arrive en général, les deux demi-disques n'ont pas la même teinte, ne sont pas colorés de la même nuance, on tournera le grand bouton horizontal H, soit de gauche à droite, soit de droite à gauche, jusqu'à ce que les teintes ou couleurs des deux demi-disques soient parfaitement identiques et que l'œil ne puisse discerner entre elles aucune différence.

4° On fait tourner le bouton molleté B, soit de droite à gauche, soit de gauche à droite, jusqu'à ce que les deux demi-disques soient colorés de la teinte sensible. Si, quand on est arrivé à la teinte sensible, l'égalité de nuances n'était pas absolument parfaite, on la rétablira en revenant au bouton H.

5° On regardera si, sur la règle divisée, la ligne ou trait zéro coïncide exactement avec le trait ou ligne noire de l'indicateur I. Si la coïncidence n'est pas parfaite, on l'établira en faisant tourner soit de haut en bas, soit de bas en haut le petit bouton vertical V.

L'instrument alors est parfaitement réglé, et l'on peut procéder à la détermination de la richesse et du titre de la dissolution sucrée.

6° On retire le tube rempli d'eau et on lui substitue le tube rempli de la dissolution sucrée, c'est-à-dire BC, si l'on opère directement; B'C' si l'on opère après inversion. En regardant après cette substitution, on verra que l'uniformité de teinte n'existe plus, que les deux demi-disques sont colorés de nuances différentes. On rétablit l'uniformité en faisant tourner le grand bouton horizontal H, jusqu'à ce que les deux nuances soient parfaitement identiques.

Comme la solution sucrée est le plus souvent colorée, la teinte uniforme rétablie n'est pas en général la teinte sensible, à laquelle il faut cependant revenir et que la couleur propre de la dissolution a fait disparaître : on fera donc tourner aussi le bouton molleté B pour ramener la teinte sensible; cette teinte revenue, l'égalité de nuances des deux demi-disques que l'on avait crue établie ne sera pas parfaite, et il faudra faire tourner encore une fois le bouton horizontal H pour qu'elle soit absolue.

7° La teinte des deux demi-disques étant bien uniforme, bien égale, et cette teinte étant bien la teinte sensible, il ne reste plus qu'une chose à faire, c'est de regarder sur la règle divisée RR' à quel trait de l'échelle correspond le trait de l'indicateur, celle des divisions qu'il indique; le nombre correspondant à cette division donne immédiatement en centièmes le titre ou la richesse de la solution sucrée.

SECONDE PARTIE.

PRÉPARATION DES DISSOLUTIONS SUCRÉES ET ANALYSE DES SUBSTANCES SACCHARIFÈRES.

Les procédés que nous résumons succinctement ont été formulés et publiés d'abord par M. Clerget.

1° *Dissolution normale de sucre pur.*

Une dissolution dans l'eau de 16 grammes 350 milligrammes de sucre candi parfaitement sec et pur, étendue d'eau de manière à occuper un volume de cent centimètres cubes, et observée dans un tube de vingt centimètres de longueur, marque au saccharimètre cent degrés; c'est-à-dire que, lorsque, après avoir rempli avec cette dissolution le tube BC, on opère comme il a été dit dans la première partie de cette instruction, l'index ou la ligne I sur la règle divisée correspond à la division 100.

Pour préparer cette dissolution normale, il convient de se servir d'un petit ballon ou matras, fig. 6, jaugé à l'avance, ou sur le col duquel on a marqué un trait que le liquide doit atteindre pour que son volume soit exactement égal à cent centimètres cubes.

2° *Dissolutions de sucres bruts du commerce.*

On prend 16 grammes 350 milligrammes du sucre à essayer, on le broie dans un mortier, on l'introduit dans le matras, on ajoute une certaine quantité d'eau, et l'on agite jusqu'à ce que tout le sucre soit dissous.

Si la teinte de la dissolution est trop foncée, ou si elle n'est pas assez transparente, il faut avant tout la clarifier. Pour cela on verse dans le matras une petite quantité de dissolution saturée de sous-acétate de plomb, on ajoute de l'eau jusqu'à ce que, le niveau du liquide effleurant avec le trait, son volume soit bien de cent centimètres cubes; on agite le mélange, ce qui fait tomber au fond les principes colorants et les molécules étrangères qui troublaient la limpidité du liquide, et l'on filtre.

La dissolution est alors toute préparée, et pour faire l'analyse du sucre il suffira d'en remplir le tube BC et de fermer ce tube en faisant bien adhérer la plaque P de verre qui le termine, fig. 2 bis; on visse ensuite la virole de cuivre E qui retient la plaque, mais avec précaution, pour ne pas changer l'état moléculaire de la plaque.

3° *Solution sucrée intervertie et détermination définitive du titre à l'aide des tables de* M. Clerget.

Après la première observation faite, comme on vient de le dire, avec le tube BC, il est resté dans le matras, contenant 100 centimètres cubes, une certaine quantité de liquide; on prend alors un second matras ou ballon, fig. 7, marqué de deux traits de jauge indiquant, le premier une capacité de 50 centimètres, le second une capacité de 55 centimètres, de telle sorte que la partie comprise entre les traits ait une capacité de 5 centimètres; on verse dans ce matras ce qui reste de la solution sucrée jusqu'au niveau du premier trait, ou 50 centimètres cubes; puis on ajoute de l'acide chlorhydrique pur et fumant jusqu'au second trait, ce qui fait en volume un dixième d'acide pour un de solution sucrée; on plonge un thermomètre dans le ballon et l'on fait chauffer au bain-marie : quand le thermomètre marque 68 degrés, on s'arrête, on laisse le liquide se refroidir, on le filtre s'il n'est pas assez transparent, et il est alors tout prêt à verser dans le tube B'C' pour recommencer l'opération avec le saccharimètre. L'action exercée par l'acide chlorhydrique a modifié la nature de la solution sucrée : aussi, quand on introduit le tube B'C' au lieu de BC, l'uniformité de teinte est détruite en sens contraire, et pour la ramener il faut faire tourner le grand bouton horizontal H, non plus de droite à gauche ou vers la gauche, mais de gauche à droite ou vers la droite. Quand l'uniformité de teinte, que nous supposons toujours être la teinte sensible, sera rétablie, on verra sur la portion droite de la règle divisée à quel trait ou à quelle division correspond l'aiguille ou index, et l'on notera ce nombre de divisions, en écrivant à côté le nombre de degrés marqué par le thermomètre du tube B'C' au moment de l'opération. Voici maintenant ce qui reste à faire pour obtenir définitivement le titre du sucre essayé. Admettons, pour fixer les idées, que le nombre donné par la première opération faite sur la solution naturelle directe soit 75, que le nombre donné par la seconde opération faite sur la solution acidifiée et intervertie soit 21, et que l'on ait opéré à la température de 12 degrés : on fera la somme des deux nombres 75 et 21, ce qui donne 96; on cherchera dans la table de M. Clerget, sous le chiffre 12° ou dans la troisième colonne correspondant à la température de 12° le nombre le plus voisin de 96, ou qui en diffère le moins, on trouve que c'est 96, 6; on suit alors la ligne horizontale dont le chiffre 96, 6 fait partie; et l'on trouve : 1° dans la colonne A le chiffre 70, d'où l'on conclut que le sucre essayé contient 70 pour 100 de sucre cristallisable pur; 2° dans la colonne B, le chiffre 114, 45 placé à côté de 70 et qui indique que la solution sucrée sur laquelle on a opéré renferme par litre 114 grammes 45 centigrammes de sucre pur.

En général, pour obtenir en poids ou en volume le titre d'un sucre quelconque, observé deux fois, directement et après l'acidification, et pour lequel le saccharimètre a donné deux nombres, le premier sur la gauche, le second sur la droite de la règle divisée, on ajoute ces deux nombres, puis, dans la table de M. Clerget, on cherche, sous le chiffre correspondant à la température de l'observation donnée par le thermomètre du tube B'C', le nombre qui s'approche le plus de leur somme; et suivant de l'œil la ligne horizontale de ce nombre, qui diffère moins que tous les autres de la somme, on rencontre : 1° Dans la colonne A, le nombre de centièmes de sucre pur et cristallisable contenu dans le sucre essayé, ou sa richesse, son titre; 2° dans la colonne B, le nombre de grammes et de centigrammes de sucre contenus dans un litre de la dissolution analysée.

Certaines substances saccharifères contiennent, avec du sucre cristallisable, un principe agissant dans le même sens que ce sucre, mais dont l'action n'est pas modifiée par les acides. Il peut arriver dans ce cas que les indications données par l'index de la règle divisée soient situées toutes deux sur la gauche, et non plus la première à gauche, la seconde à droite. Pour obtenir alors la richesse ou le titre de la solution il faudra prendre, non plus la somme, mais la différence des deux nombres, et opérer avec cette différence comme on opérait avec la somme. Exemple : si avant l'inversion on a obtenu 80 à gauche, et après l'inversion 26 encore à gauche à la température de 20 degrés, on prend la différence 54 de ces deux nombres, on cherche dans la colonne verticale marquée 20° le nombre 53, 6 qui diffère le moins de 54 ; on suit la ligne horizontale passant par ce nombre, ce qui conduit : 1° dans la colonne A, au nombre 40 ; 2° dans la colonne B, au nombre 65, 40 ; ce qui indique que la substance donnée contient 40 pour cent de sucre, et que la solution essayée renferme par litre 65 grammes 40 centigrammes de sucre.

Quand on n'a pas fait l'inversion et que l'on n'a fait qu'une seule observation avec le tube BC, parce que l'on était sûr d'avance que la substance à essayer ne renfermait que du sucre cristallisable, le nombre lu sur la règle divisée du saccharimètre exprime immédiatement le nombre de centièmes de sucre pur et cristallisable contenu dans le sucre observé, et les chiffres placés à côté de ce nombre, dans la colonne B de la table de M. Clerget, donnent le poids en grammes et en centigrammes du sucre pur contenu dans un litre de la dissolution.

Si, par surcroît de précaution, on opérait une seconde fois après inversion sur un liquide qui ne contient que du sucre cristallisable, la table de M. Clerget redonnerait les mêmes nombres que la lecture directe, ainsi que chacun peut le vérifier par lui-même. Supposons, par exemple, qu'on ait opéré avec la solution normale de sucre pur, à la température de 12 degrés, on trouvera, comme nous avons dit, avant l'inversion, par la première opération directe, 100 sur la gauche, après l'inversion, 38 sur la droite ; la somme de ces deux nombres est 138 ; on descend donc dans la colonne 12° jusqu'à ce qu'on ait rencontré le nombre 138, et à l'extrémité de la ligne horizontale passant par ce nombre on trouve dans la colonne A 100, et dans la colonne B 163, 50 ; d'où l'on conclut que le sucre essayé contient cent pour cent de sucre pur, et que la solution essayée contient par litre 163 grammes 50 centigrammes, par décilitre ou 100 centimètres cubes 16 grammes 350 milligrammes, comme on le savait *à priori*.

4° Solutions de mélasses et analyse des mélasses.

On met dans une capsule de porcelaine un poids de mélasse triple de la quantité de sucre pur ou brut employé dans les préparations précédentes, c'est-à-dire 49 grammes 50 milligrammes, au lieu de 16 grammes 350 milligrammes; on la délaie en ajoutant successivement de petites quantités d'eau, on la verse dans un matras jaugé à 300 centimètres cubes, on ajoute encore de l'eau, l'on agite, et quand tout est dissous, on complète le volume de 300 centimètres en versant assez d'eau pour que le liquide effleure le trait. On étend sur un filtre 80 centimètres de noir animal en grains fins, on verse sur le filtre toute la liqueur; quand le vase placé sous le filtre contient un volume de liquide à peu près égal au volume de charbon employé, on le vide dans un autre vase et l'on ne conserve que le reste de la filtration, que l'on reverse dix ou douze fois sur le noir animal, jusqu'à ce qu'il soit aussi décoloré que possible. On en verse dans un ballon à double jauge avec deux traits qui indiquent l'un 200, l'autre 220 centimètres cubes, jusqu'au niveau du trait 200, et l'on ajoute de la dissolution saturée de sous-acétate de plomb jusqu'au trait 220, on agite et l'on verse de nouveau sur un filtre couvert de 60 centimètres de noir animal; on met à part et l'on néglige les 60 premiers centimètres cubes de liquide filtré, et il reste à peu près 160 centimètres cubes de liqueur bien décolorée et avec laquelle on opère d'abord directement en remplissant le tube BC, puis après inversion en remplissant le tube B'C'. Si la quantité de liquide qui reste est insuffisante, on reprendra, pour l'ajouter au reste avant d'aciduler, la solution du tube BC qui a servi à l'opération directe.

5° *Analyse du jus de cannes à sucre ou vesou.*

On prend deux cents grammes de canne à sucre coupée par tranches, on les comprime dans une petite presse métallique et on verse le jus sortant ou vesou dans un ballon à double trait jaugeant le premier 100, le second 110 centimètres cubes; le niveau du jus effleure avec le premier trait; l'on ajoute dix centimètres cubes de sous-acétate de plomb; on agite, on filtre et tout est prêt. Il convient, pour tenir compte dans l'observation de l'augmentation de volume produite par le sel de plomb, de substituer au tube BC, long de 20 centimètres, un tube semblable long de 22 centimètres, ou bien le tube B'C', plus long de 2 centimètres que le tube BC.

En général, si, dans le cas où l'on ajoute un dixième soit de liquide décolorant, soit d'acide chlorhydrique, on ne prenait pas cette précaution d'opérer avec un tube de 22 centimètres, il faudrait augmenter d'un dixième le titre trouvé pour tenir compte de l'augmentation de volume.

5° *Analyse du jus de betterave.*

Elle est la même que celle du jus de canne : on substitue aux 200 grammes de canne 200 grammes de pulpe de betterave râpée à la main et pressée en deux fois, ou par cent grammes, dans un linge et lentement. Il sera plus prudent de faire deux opérations avec le saccharimètre, l'une directe, l'autre après inversion; car la betterave contient ordinairement d'autre matières sucrées ou actives que le sucre cristallisable.

6° *Analyse des urines diabétiques.*

On verse dans le ballon à deux jauges, marquant 100 et 110 centimètres cubes, 100 centimètres cubes d'urine, on ajoute 10 centimètres de sous-acétate de plomb, si la transparence n'est pas assez grande; l'on filtre s'il est nécessaire, et l'on remplit le tube BC, ou mieux le tube B'C', de vingt-deux centimètres; pour ramener l'uniformité de teinte il faut tourner à gauche comme pour le sucre ordinaire.

Le pouvoir du sucre de diabètes est à celui du sucre cristallisable comme 73 est à 100, et cent parties de l'échelle divisée correspondent à 22 grammes 397 milligrammes de sucre par litre d'urine. Dès lors, chaque division du saccharimètre correspond à 22,397 centigrammes, en nombre rond à 2 décigrammes un quart. Par conséquent, pour obtenir la quantité de sucre contenu dans un litre des urines essayées, il faut multiplier 2 décigrammes un quart par le nombre lu sur l'échelle divisée.

Remarque importante. — A défaut de la table de M. Clerget, voici comment on calcule le pouvoir rotatoire et la richesse en sucre de la solution essayée. Soit T la température à laquelle on opère; S la somme ou la différence des déviations avant et après l'inversion, la somme si elles sont de même sens, la différence si elles sont de sens contraire; P le pouvoir rotatoire; R la richesse saccharine ou la quantité de sucre contenue dans un litre de la solution; on a :

$$P = \frac{200\ S}{288 - T}, \quad R = \frac{P \times 16^{g}350}{10} = P \times 1^{g}635.$$

Ex. A la température de 15°, la déviation avant l'inversion était + 75; après l'inversion, + 20 : on aura S = 95, P = 69,597; R = 113^{g},79 : la table donne 70 et 114^{g},45.

TROISIÈME PARTIE.

STRUCTURE INTIME ET THÉORIE DU SACCHARIMÈTRE

I. Structure intime du modèle ancien.

Cet instrument, fig. 1 et 1 *bis*, pl. I, peut se diviser en quatre parties :

I. La partie objective de A en B.

II. La partie tubulaire de B en C.

III. Le compensateur de C en D′.

IV. La partie oculaire de D′ en D.

I. La partie objective AB, fig. 6_2 et 6_1, comprend :

1° La bonnette à vis 1, munie d'un verre de nuance bleuâtre assez claire qui se visse sur le tube *ab* à l'extrémité *a;*

2° Un prisme de Nicol 2, renfermé dans le tube *ab*, qui s'engage en partie dans le tube *bc;*

3° Une seconde bonnette à vis, munie d'une plaque de cristal de roche 3, taillée perpendiculairement à l'axe, et qui se visse à l'extrémité *b* du tube *ab;*

4° Le polariseur lenticulaire 4, placé dans le tube *c′d′*, qui s'enfonce à son tour dans le tube *c″d″*, qui entre lui-même dans le tube *bc*. Ce polariseur se compose d'un prisme de crown-glass 4_1, terminé par une surface convexe, et d'un prisme de spath d'Islande 4_2, doublement réfringent;

5° Enfin la plaque à deux rotations 5 renfermée dans une troisième bonnette fixée à l'extrémité *d″* du tube *c″d″*.

Toutes ces diverses parties vissées et enfoncées l'une dans l'autre, forment l'ensemble AB, fig. 6_2.

Cet ensemble, à son tour, s'enfonce par son extrémité B dans le gros tube A′B′, fig. 1 et 1 *bis*, où l'on a ménagé deux rainures pour donner place aux deux vis de pression *v*, *v*, qui servent à fixer l'oculaire. Un engrenage pratiqué sur le tube *ab* qui porte le prisme de Nicol est en rapport avec la roue dentée *u*, qui peut tourner avec le bouton vertical V de l'appareil.

II. La partie tubulaire de B en C se compose :

1° Du tube proprement dit BC, fig. 2 *bis*, qui renferme le liquide à analyser et qui se termine par deux pas de vis extérieurs ;

2° De deux appendices ou bonnettes creuses à pas de vis intérieurs, qui se vissent sur les extrémités B et C, et les ferment par deux plans de verre 1, 1, qui s'appliquent exactement sur ces deux ouvertures. La figure 2 *bis* représente l'ensemble de la partie tubulaire. Un ressort à boudin *RR*, placé dans le gros tube A'B', presse le tube BC et le maintient en place. On peut introduire facilement le tube BC en retirant un peu le ressort R et la partie du gros tube qui lui est attachée. Il faut se servir pour cela du bouton *n* qui adhère au ressort et peut se mouvoir dans une fente pratiquée dans le gros tube A'B'.

Le tube BC, long de 20 centimètres, est quelquefois remplacé par le tube B'C', fig. 3 et 3 *bis*, appelé tube à inversion, et muni d'un thermomètre dont la boule plonge dans le liquide du tube pour qu'on puisse apprécier sa température au moment de l'analyse.

III. Le compensateur de C à D est représenté, fig. 6_3, fig. 6_1, fig. 6_2, par trois coupes : la première, perpendiculaire à l'axe du saccharimètre ; la seconde, faite par un plan vertical passant par l'axe du saccharimètre ; la troisième, faite par un plan horizontal passant par ce même axe. Il se compose à l'intérieur : 1° d'une plaque rectangulaire 1 de cristal de roche, de rotation contraire à celle du sucre cristallisable ; 2° de deux plaques prismatiques 2, 2, aussi de cristal de roche, mais de rotation contraire à celle de la première plaque, et accolées à des plaques prismatiques égales de verre 3, 3, de manière à former une nouvelle plaque rectangulaire d'épaisseur constante. La plaque 1 est fixe, les plaques 2, 2 sont mobiles et glissent l'une sur l'autre par la rotation du bouton horizontal H; de telle sorte que l'épaisseur des quartz dans l'ensemble des plaques prismatiques peut varier indéfiniment depuis zéro, ou à peu près, jusqu'au double de l'épaisseur de l'une des lames.

A l'extérieur, en dessus, le compensateur porte une échelle en ivoire divisée en cent parties : elle est fixe et coupée en biseau, de telle sorte que sa longueur soit perpendiculaire à l'axe. Une seconde petite lame d'ivoire I portant un simple trait se meut avec le compensateur et indique sur la règle divisée : 1° directement l'épaisseur actuelle en quartz de la somme des deux plaques prismatiques 2, 2; 2° indirectement la richesse en sucre du liquide essayé au saccharimètre.

Le compensateur est vissé contre l'extrémité de la partie tubulaire en E.

IV. La partie oculaire de D en E comprend : 1° le prisme biréfringent analyseur formé d'un prisme de spath d'Islande 1, d'un prisme de crown-glass 2, et d'un très-petit prisme de flint-glass 3.

La réunion de ces trois prismes forme un ensemble achromatique, il est contenu dans le tube $e'f'$ qui s'enfonce dans le tube F, lequel se visse sur le compensateur.

Le tube F porte à sa partie inférieure une vis sans fin à tête verticale *b*, qui, engrénant avec une crémaillère pratiquée sur le tube $e'f'$, permet de donner à celui-ci et au prisme biréfringent qu'il renferme le mouvement de rotation nécessaire pour régler l'instrument.

La petite vis *s* sert à fixer le prisme lorsque l'appareil a été réglé.

2° Une lentille objective 2, biconvexe ou planconvexe achromatique, à long foyer, renfermée dans une bonnette qui se visse à l'extrémité du tube $f'h$, lequel se visse à son tour sur le tube $e'f'$.

3° Une lentille biconcave 3, formant avec la lentille biconvexe une lunette de Galilée, dont elle est l'oculaire; elle se visse à l'extrémité du tube $g'l$ qui se visse dans l'œilleton D.

4° Enfin de l'œilleton D, percé d'un petit trou par lequel on regarde.

L'ensemble de l'oculaire 3 du tube $g'l$ et de l'œilleton se visse à l'extrémité f'' du tube $f''h'$, qui s'enfonce dans le tube $f'h$.

La figure 6_2 représente l'oculaire entier avec toutes ses pièces emmanchées, vissées et enfoncées l'une dans l'autre.

II. Structure intime du nouveau modèle.

La figure 4 représente les divisions de la partie objective. P est le prisme biréfringent ou polariseur, R est la plaque à deux rotations.

La figure 4 *bis* représente la partie objective avec toutes ses pièces vissées.

La partie tubulaire et le compensateur sont restés les mêmes que dans l'ancien modèle, sauf la mobilité de l'échelle, comme nous l'indiquerons mieux tout à l'heure. Les verres du compensateur, quand tout est dévissé, apparaissent en avant et en arrière; mais pour les nettoyer parfaitement et dans toute leur longueur, il faut les sortir de leur monture, ce qui se fait simplement en tirant.

La figure 3, planche II, représente les divisions de la partie oculaire et montre comment on doit les dévisser pour nettoyer les verres. Q est le quartz qui complète le compensateur, A est l'analyseur, C le cristal de roche du reproducteur de la teinte sensible, L la lentille objective de la petite lunette de Galilée, L' l'oculaire de cette même lunette, N le prisme de Nicol du reproducteur de la teinte sensible.

On voit dans la figure 1 toutes ces pièces vissées et réunies ensemble de C en D.

On voit très-clairement par cette description en quoi le nouveau modèle diffère de l'ancien. En effet :

1° Dans l'appareil primitif l'échelle divisée RR' était adhérente à la surface de la moitié supérieure du compensateur : quand dans certaines circonstances et pour quelques vues particulières, l'égalité de teintes ne correspondait pas exactement à la coïncidence de l'index avec le trait *o* de l'échelle, il fallait alors nécessairement faire tourner l'analyseur. Dans le nouveau modèle, l'échelle divisée n'adhère plus au compensateur ; un ressort placé sous la règle, dans une coulisse ménagée dans l'épaisseur de la monture du conpensateur, tend sans cesse à la ramener vers la gauche; une vis liée au petit bouton vertical V, fig. 2, planche II, permet de communiquer à cette même règle un mouvement latéral très-lent vers la droite ou vers la gauche. On peut ainsi, dans tous les cas, sans changer la position du polariseur et de l'analyseur, faire que la coïncidence de la ligne noire de l'indicateur avec le trait *o* de l'échelle corresponde parfaitement à l'égalité de teinte.

2° Dans le premier modèle, et pour les raisons que nous venons de rappeler, l'analyseur A devait pouvoir tourner sur lui-même. Dans le nouveau modèle l'analyseur est fixé invariablement, ainsi que le polariseur.

3° Dans l'ancien modèle le recomposeur ou reproducteur de la teinte sensible, formé d'un cristal de roche et d'un prisme de Nicol, était installé dans la partie objective, en avant de la plaque à deux rotations et du tube renfermant la solution saccharifère. Pour changer la teinte du rayon lumineux qui avait traversé le liquide, on faisait tourner le prisme de Nicol du recomposeur au moyen du bouton vertical V, fig. 1, pl. I, fixé à une longue tringle placée sous le saccharimètre. Dans le nouveau modèle le reproducteur de la teinte sensible est reporté dans la partie oculaire : son cristal de roche, que l'on pourrait à la rigueur ne pas séparer de son prisme de Nicol, est fixé entre l'analyseur et la lentille objective de la petite lunette de Galilée; le prisme de Nicol enchâssé dans une enveloppe cylindrique munie du bouton molleté B et qui peut tourner sur lui-même de 180 degrés, de droite à gauche, ou de gauche à droite, est installé entre la lentille oculaire biconcave et la bonnette contre laquelle s'applique l'œil de l'observateur. La construction de l'appareil est ainsi devenue plus simple; et de plus le rayon lumineux perd beaucoup moins de son éclat lorsqu'on ne le colore de la teinte sensible qu'après qu'il a traversé la solution sucrée.

4° Enfin, dans l'instrument primitif la partie extrême et mobile DD′ du tube oculaire, celle que l'on enfonce ou que l'on retire pour rendre la vision distincte, pouvait tourner sur elle-même, et très-souvent sa rotation entraînait celle de l'analyseur, ce qui constituait un inconvénient grave. Dans le nouvel appareil, cette portion toujours mobile ne peut qu'avancer ou reculer, maintenue qu'elle est latéralement par une goupille engagée dans une fente longitudinale pratiquée dans la paroi inférieure du tube fixe de l'oculaire; ce perfectionnement était d'autant plus nécessaire qu'il est presque impossible d'établir des lentilles oculaires qui ne se décentrent pas dans le mouvement de rotation.

En résumé, 1. Mobilité de l'échelle divisée, rendue indépendante à volonté du compensateur ; 2. Fixité et invariabilité du polariseur et de l'analyseur ; 3. Déplacement et fractionnement du reproducteur des teintes sensibles ; 4. Centrage de l'oculaire établi une fois pour toutes et son déplacement parallèlement à lui-même : tels sont les caractères distinctifs du nouveau modèle, plus simple dans sa construction, plus facile dans sa manipulation, plus exact en général dans ses indications.

III. Théorie du saccharimètre.

Nous nous imposons comme condition essentielle de faire avec le saccharimètre lui-même, ou avec les éléments du saccharimètre, toutes les expériences théoriques qui doivent mettre en évidence les propriétés de la lumière, dont l'usage de cet appareil suppose la connaissance acquise.

1° *Polarisation de la lumière.*

La première notion à acquérir par celui qui veut se faire une idée complète du saccharimètre est la notion de cette propriété remarquable de la lumière qu'on a désignée sous le nom trop vague de polarisation.

Qu'est-ce qu'un rayon de lumière polarisée, et en quoi diffère-t-il d'un rayon de lumière ordinaire ?

1re *expérience*. On prend dans l'ancien ou le nouveau saccharimètre le prisme de Nicol, et l'on reçoit à travers ce prisme la lumière diffuse ou la lumière réfléchie par une feuille de papier blanc : sous quelque angle qu'on regarde et quoiqu'on fasse tourner incessamment le prisme sur lui-même, on n'aperçoit aucun changement sensible d'intensité dans la lumière diffuse ou réfléchie ; la lumière diffuse et la lumière réfléchie par le papier blanc traversent donc également le prisme dans tous les sens : c'est le caractère de la lumière ordinaire.

2e *expérience*. Tenant toujours le prisme devant l'œil, on y fait entrer (pl. II, fig. 5) sous un angle assez aigu, de 35 degrés environ, un rayon réfléchi par un morceau de bois noir, un marbre noir, un verre noir, ou même une table d'acajou ordinaire, et en faisant tourner le prisme devant l'œil on remarque des variations notables dans l'intensité du rayon qui arrive à l'œil : il est tantôt brillant, et tantôt presque éteint. Le rayon réfléchi par la table noire sous l'angle d'environ 35 degrés diffère donc totalement du rayon de lumière diffuse ou du rayon réfléchi par la surface du papier blanc; tantôt il passe, et tantôt il ne passe pas.

En observant le phénomène de plus près, on remarque qu'il s'éteint deux fois pendant une rotation complète du prisme, et que toujours l'extinction a lieu quand la grande diagonale du prisme est parallèle à la surface réfléchissante.

Le rayon qui tantôt traverse le prisme, tantôt se refuse à le traverser est précisément ce qu'on appelle un rayon polarisé. Il ne traverse pas le prisme quand la grande diagonale est parallèle à la surface réfléchissante, et l'on dit qu'il est alors polarisé dans le plan vertical perpendiculaire à cette grande diagonale ou dans le plan de réflexion. Ce plan vertical prend le nom de *plan de polarisation*.

3e *expérience*. Si on superpose un certain nombre de plaques de verre de manière à en former une pile de glaces, et que, tenant cette pile suspendue verticalement devant l'œil, on regarde à travers elle sous un angle assez aigu de bas en haut avec le prisme de Nicol (fig. 6, pl. II), que l'on fait tourner lentement autour de son axe, on verra encore que la lumière transmise par la pile de glaces s'éteint deux fois dans une révolution entière, et qu'elle est par conséquent polarisée. La lumière se polarise donc par réfraction comme par réflexion; mais l'on remarquera cette fois que la lumière s'éteint lorsque la grande diagonale du prisme de Nicol est verticale : d'où l'on conclut que le plan de polarisation est perpendiculaire au plan de réfraction, ou que la lumière polarisée par réfraction est polarisée à angle droit de la lumière polarisée par réflexion.

4e *expérience*. Si l'on regarde le ciel serein et bleu à travers le prisme de Nicol, que l'on fera encore tourner sur lui-même, on verra que cette lumière bleue s'éteint ou prend un éclat minimum deux fois dans chaque révolution du prisme : elle est donc aussi polarisée.

Le caractère de la lumière ordinaire, c'est que les molécules oscillent à la fois dans tous les plans passant par l'axe ou par la direction de propagation du rayon. Dans la lumière polarisée, au contraire, les vibrations ou les oscillations des molécules lumineuses sont toutes parallèles entre elles et perpendiculaires au plan de polarisation; de sorte qu'on peut représenter graphiquement ou aux yeux la constitution d'un rayon de lumière ordinaire ou polarisée, au moyen des dessins suivants, pl. II, fig. 7, dans lesquels les lignes noires continues représentent les traces du plan de polarisation, et les lignes ponctuées les directions des vibrations lumineuses. On n'a dessiné que cinq molécules; mais il faut en supposer un nombre indéfini. Le premier dessin représente un rayon de lumière ordinaire; on n'a indiqué que six diamètres, mais leur nombre est illimité, et chacun d'eux devrait avoir sa ligne ponctuée perpendiculaire pour représenter les vibrations des molécules. Le deuxième dessin figure un rayon rectilignement et verticalement polarisé; le troisième, un rayon rectilignement et horizontalement polarisé; le quatrième, enfin, un rayon composé de deux rayons rectilignement polarisés à angle droit, et constituant la lumière transmise par certains cristaux, ainsi que nous le dirons bientôt.

2° *Double réfraction de la lumière.*

Quand la lumière traverse certaines substances naturellement cristallisées, ou dont on a modifié l'état moléculaire d'une certaine manière, le rayon venu du premier milieu de l'air, par exemple, donne naissance dans le second à deux rayons réfractés distincts qui se séparent à partir du point d'incidence, et se propagent dans des directions différentes : on dit alors qu'il y a double réfraction.

5ᵉ *expérience.* On prend le prisme biréfringent polariseur P, fig. 4, pl. II, du saccharimètre, et on regarde à travers soit une ligne noire tracée sur du papier, soit un pain à cacheter ; on voit alors deux lignes au lieu d'une, ou deux pains à cacheter au lieu d'un, et séparés l'un de l'autre. Les rayons envoyés par la ligne noire ou le pain à cacheter se sont donc doublés dans la transmission par le cristal biréfringent. L'intensité du rayon primitif s'est partagée par moitiés égales entre les deux rayons réfractés ; les deux images ont même couleur et même intensité. Si en regardant de plus près on les fait mordre l'une sur l'autre, on voit leurs intensités moitié plus faibles s'ajouter pour reproduire la lumière primitive avec toute son intensité. Cette expérience se fait très-bien en plaçant le pain à cacheter coloré sur un fond noir-mat. L'un des rayons réfractés s'appelle *rayon ordinaire*, parce qu'il suit les lois ordinaires de la réfraction ; l'autre s'appelle *rayon extraordinaire*, parce qu'il se réfracte suivant d'autres lois. Le rayon ordinaire est plus réfracté ou plus rapproché de la normale que le rayon extraordinaire. On les distingue dans l'expérience décrite par le caractère suivant : si pendant qu'on regarde les deux images du pain à cacheter on fait tourner le prisme biréfringent autour de son axe, on remarque que l'une des images reste sensiblement immobile, et que l'autre tourne autour d'elle : l'image immobile correspond au rayon ordinaire, l'image mobile au rayon extraordinaire. Le prisme biréfringent pourrait cependant être taillé de telle sorte que l'image extraordinaire fût l'image immobile; mais quand on fait l'expérience avec un cristal naturel, un rhomboèdre de spath d'Islande, c'est toujours l'image extraordinaire qui apparaît mobile.

6ᵉ *expérience*. Si, pendant qu'à travers le prisme biréfringent P on regarde les deux images du pain à cacheter blanc sur un fond noir, on interpose entre ce prisme P et l'œil le prisme de Nicol N, qu'on fait tourner sur lui-même; on verra les deux images s'éteindre tour à tour après une demi-révolution. Supposons, pour fixer les idées, que les centres des deux images étant tous deux sur une même ligne verticale (pl. II, fig. 8), l'image supérieure soit seule visible, et l'image inférieure éteinte : en faisant tourner doucement le prisme de Nicol, on verra reparaître l'image inférieure, et l'image supérieure diminuera d'intensité; quand on aura tourné de 45°, les deux images seront d'égale intensité; à 90° l'image supérieure aura disparu, et l'image inférieure aura tout son éclat; à 135° les deux images seront de nouveau d'intensités égales; à 180° l'image inférieure sera de nouveau éteinte, l'image supérieure très-brillante; à 270° l'image supérieure aura encore disparu, etc.

Cette expérience démontre évidemment : 1° que les deux rayons de la double réfraction sont tous deux polarisés, puisque le prisme de Nicol les éteint; 2° que ces deux rayons sont polarisés à angle droit ou dans deux plans perpendiculaires l'un à l'autre, puisqu'ils s'éteignent à 90 degrés l'un de l'autre ; 3° qu'on peut considérer un rayon de lumière ordinaire comme formé de la réunion de deux rayons polarisés à angle droit : on fait cette expérience sinon plus simplement, au moins plus commodément avec le saccharimètre monté, dont on a enlevé la plaque de quartz à deux rotations R, fig. 3, les deux lentilles L, L', et la plaque de cristal de roche C. Si l'on regarde à travers le tube, on voit deux images de l'ouverture, que l'on éteint tour à tour à 90 degrés l'une de l'autre en faisant tourner la bonnette B du prisme de Nicol.

Dans chaque cristal doublement réfringent, il y a une direction suivant laquelle le rayon incident ne se partage pas en se réfractant. Cette direction détermine une ligne remarquable, que l'on a désignée sous le nom d'*axe optique*. Dans le spath d'Islande, le plus souvent employé à cause de sa grande transparence et de son fort pouvoir biréfringent, et qui cristallise sous forme de rhomboèdre, fig. 9, l'axe optique est la ligne *b h* qui joint les deux angles solides obtus du cristal. On appelle *plan principal* ou section principale la section *m n* faite par un plan passant par l'axe et perpendiculaire à une face naturelle du cristal.

Un cristal biréfringent jouit donc de la propriété de polariser le rayon de lumière ordinaire qui le traverse, et quand on l'emploie à cet usage, il prend le nom de *polariseur*. Mais un spath d'Islande donne, comme on l'a vu, deux rayons polarisés à angle droit ; or il importe, dans un grand nombre d'expériences et de recherches, qu'on puisse se procurer facilement un seul rayon de lumière polarisée. C'est dans ce but qu'on a construit l'appareil connu sous le nom de prisme de Nicol, et qui fait partie essentielle du saccharimètre. On prend un rhomboèdre de spath d'Islande trois fois plus long environ que large, fig. 10 ; on le coupe par un plan passant par les angles obtus les plus rapprochés o, o', et perpendiculaire aux grandes diagonales des petites bases b, b'. Les deux prismes ainsi obtenus sont réunis par du baume du Canada dans la position qu'ils avaient d'abord. Comme l'indice de réfraction (1,549) du baume du Canada est plus petit que l'indice de réfraction ordinaire (1,6543) de la chaux carbonatée, mais plus grand que l'indice extraordinaire (1,4833), il en résulte que le rayon ordinaire r, fig. 10, éprouve la réflexion totale à la surface de séparation des deux prismes, tandis que le rayon extraordinaire e passe et sort par la face opposée : le prisme de Nicol ne laisse donc passer que l'image extraordinaire des objets que l'on regarde à travers sa substance.

Mais, de même qu'ils servent de polariseur, le prisme biréfringent et le prisme de Nicol peuvent servir aussi d'analyseur, c'est-à-dire qu'ils mettent en évidence, comme nous l'avons déjà vu, l'état de polarisation, ainsi que la direction du plan de polarisation du rayon qui les traverse, et par suite la direction des vibrations des molécules qui donnent naissance à ce rayon. Tout rayon polarisé qui traverse un prisme de Nicol qu'on fait tourner sur lui-même est éteint deux fois dans chaque révolution, et son plan de polarisation est perpendiculaire à la direction de la grande diagonale, parallèle à la direction de la petite diagonale, dans la position où le rayon est éteint.

3° *Dépolarisation du rayon.*

Si, sur le trajet d'un rayon polarisé et qui ne traverserait pas le prisme de Nicol dans certaines directions, on place un morceau de substance biréfringente, le rayon sera dépolarisé, c'est-à-dire qu'il ne sera plus éteint dans aucune position du prisme de Nicol; ou bien encore si, lorsqu'un rayon polarisé est éteint par le prisme de Nicol, on interpose entre le rayon et le prisme une plaque de cristal biréfringent, le rayon n'est plus éteint; il est comme ranimé, et traverse de nouveau le prisme analyseur. On dit alors que le rayon est dépolarisé.

7e *expérience*. On prend le prisme de Nicol N du saccharimètre et la plaque de cristal de roche C du compensateur : en regardant à travers le prisme le rayon réfléchi par une table noire, on l'éteint; puis, quand il est éteint, sur son passage, entre la table et le prisme N, on interpose la plaque de cristal de roche C; aussitôt le rayon éteint reparaît, et reste lumineux dans toutes les positions que prend le prisme en tournant sur lui-même, c'est-à-dire qu'il n'y a plus de position d'extinction, ce qui aurait lieu si le rayon était resté polarisé.

8e *expérience*. On prend le saccharimètre, on enlève de la partie objective la plaque à deux rotations, de la partie oculaire, toute la portion antérieure jusqu'à la lentille L' inclusivement; on amène l'index de l'échelle à zéro; on regarde, et l'on voit deux images de l'ouverture antérieure, l'une éteinte, l'autre lumineuse. Si maintenant on fait tourner le bouton H du compensateur, ce qui n'a d'autre effet que de placer sur le trajet des deux rayons une lame de quartz, l'image éteinte reparaît sur-le-champ, et devient plus lumineuse à mesure que l'on tourne davantage le bouton, c'est-à-dire à mesure que la plaque interposée est plus épaisse.

4° *Polarisation chromatique.*

En même temps que le rayon dépolarisé reparaît par l'interposition de la lame de cristal biréfringent, si l'épaisseur de cette lame est comprise entre certaines limites qui varient avec sa nature ou sa substance, le rayon est coloré de couleurs plus ou moins vives. Ce fait est nettement mis en évidence par les deux expériences qui précèdent; la nuance dont ce rayon se colore varie de plus avec l'épaisseur de la lame interposée.

9e *expérience.* Avec le saccharimètre entièrement monté, et l'index de l'échelle étant amené à zéro, on regarde, et l'on voit l'image unique de l'ouverture teinte d'une nuance uniforme; on fait tourner le bouton H, et l'on voit l'image circulaire se partager en deux demi-disques; on en considère un seul, celui de droite, par exemple, et l'on voit que sa teinte change continuellement à mesure que l'on fait tourner le bouton, c'est-à-dire à mesure que l'épaisseur de la plaque de cristal interposée varie.

Nous avons vu que si on regardait à travers un prisme de Nicol un rayon doublement réfracté, les images étaient tour à tour éteintes; si entre le prisme biréfringent et le prisme de Nicol on place une plaque de cristal de roche, les deux rayons ne seront plus éteints, quelle que soit la position que prenne le prisme en tournant sur lui-même.

10e *expérience.* On prend d'une part le prisme de Nicol N, de l'autre l'ensemble du prisme analyseur A et de la plaque de cristal de roche C; on place sur un fond noir mat un pain à cacheter blanc, entre le pain à cacheter et l'œil on place l'ensemble de la plaque de cristal de roche et du prisme biréfringent, avec la plaque de cristal de roche en avant ou la plus près du pain à cacheter, et on regarde à travers le prisme de Nicol; on voit deux images du pain à cacheter qui s'éteignent tour à tour : si au contraire la plaque de cristal est en arrière et le prisme biréfringent en avant, c'est-à-dire si cette plaque est interposée entre les deux rayons polarisés et l'analyseur ou prisme de Nicol, les deux images du pain à cacheter blanc apparaîtront colorées, et colorées de teintes complémentaires, c'est-à-dire de teintes qui, réunies, forment du blanc; rose et vert, par exemple, ou orangé et bleu, ou jaune et violet : aussi, quand regardant de très-près on fait mordre l'une sur l'autre les deux images, la lunule qui leur est commune est d'un blanc pur. Quand on fait tourner le prisme autour de lui-même, les couleurs changent en restant toujours complémentaires; mais cette variation de nuance est propre de la plaque de cristal de roche taillée perpendiculairement à l'axe.

11e *expérience*. On met très-bien en évidence le phénomène que nous venons de décrire en procédant de la manière suivante : on enlève la partie objective du saccharimètre, et l'on supprime de la partie oculaire la lunette formée des deux lentilles L, L'; alors en regardant on voit deux disques colorés de nuances complémentaires, lesquelles varient quand on fait tourner le bouton molleté B.

La construction de l'instrument qu'on a appelé polariscope est fondée sur les principes que nous venons de développer. Il se compose essentiellement d'un prisme polariseur biréfringent et d'une plaque de cristal de roche tournée du côté opposé à l'œil : si l'on regarde un champ de lumière ordinaire, les deux images seront incolores; si au contraire le champ de lumière est polarisé, les deux images seront colorées de couleurs complémentaires. La partie objective du saccharimètre constitue à elle seule un instrument de ce genre, et dont on peut se servir au besoin : elle se compose en effet essentiellement d'une plaque de cristal de roche, la plaque à deux rotations R', et du prisme biréfringent P; seulement, à cause de la forme lenticulaire donnée au prisme biréfringent, les images colorées ne seront bien nettes qu'autant qu'on placera l'œil à une certaine distance du tube.

5° *Polarisation rotatoire ou mobile.*

En général, lorsqu'un rayon de lumière polarisée traverse un milieu transparent, son plan de polarisation demeure invariable; la position ou la direction de ce plan ne change pas dans l'intérieur du milieu; mais il est des substances transparentes, solides ou liquides, qui dévient ou font tourner le plan de polarisation du rayon à mesure qu'il les pénètre de plus en plus, et l'on a donné le nom de polarisation rotatoire ou mobile au phénomène de la rotation du plan de polarisation. Le cristal de roche, le sucre, l'essence de térébenthine, l'acide tartrique sont les principales substances douées du pouvoir rotatoire.

12e *expérience*. On supprime dans la partie objective la plaque à deux rotations; dans la partie oculaire le prisme analyseur A, la plaque de cristal de roche C, et les deux lentilles L et L'; on regarde à travers l'œilleton D, et l'on voit une image de l'ouverture, que l'on éteint autant que possible à l'aide du prisme de Nicol, en faisant tourner le bouton molleté M, après avoir préalablement amené l'index de l'échelle de la règle divisée à zéro. Cela posé, si l'on fait tourner de gauche à droite le bouton H d'une très-petite quantité, ce qui amène sur le trajet du rayon une petite épaisseur de quartz, le rayon à peu près éteint renaît, et par conséquent il n'est plus polarisé dans le même plan qu'au point de départ : ce plan en effet a tourné, et pour éteindre de nouveau le rayon ou le ramener au minimum de lumière, il faut faire tourner un peu en sens contraire, c'est-à-dire de droite à gauche, le bouton M : si, quand le rayon est éteint une seconde fois, on fait tourner de nouveau, dans le même sens, de gauche à droite, le bouton H, le rayon reparaît, et pour l'éteindre encore il faut revenir au bouton M, et le faire tourner de droite à gauche, etc. Cette expérience, tout à fait fondamentale dans la théorie du saccharimètre, est assez délicate; elle réussit cependant parfaitement bien quand on procède lentement, et que les épaisseurs de quartz ajoutées successivement par la rotation du bouton H restent très-petites : on pourrait même à la rigueur démontrer ainsi, en opérant sur un rayon de lumière homogène polarisée, et mettant à la place du quartz du compensateur sur le trajet du rayon diverses substances douées du pouvoir rotatoire, les lois suivantes établies par M. Biot :

1° Pour différentes plaques ou pour diverses colonnes de liquides rotateurs, la déviation ou la rotation du plan de polarisation est toujours proportionnelle à l'épaisseur de la plaque ou à la longueur de la colonne liquide.

2° La rotation du plan de polarisation est différente pour les différents rayons du spectre solaire, elle croît avec la réfrangibilité : ainsi l'angle décrit sous l'action d'une plaque de cristal de roche ayant un millimètre d'épaisseur est de 17°,5 pour le rouge extrême du spectre, de 25°,7 pour le rayon de réfrangibilité moyenne ou la limite du jaune et du vert, de 44° pour le violet extrême (fig. 11, pl. II).

13ᵉ *expérience*. Lorsqu'en prenant d'une part le prisme de Nicol N, de l'autre l'ensemble du prisme analyseur A et du cristal de roche C, nous interposions la plaque de cristal de roche entre les deux prismes, nous apercevions deux images colorées; ces images changeaient de teinte ou de nuance lorsque nous faisions tourner le prisme analyseur; ce changement de teinte a précisément pour cause la rotation du plan de polarisation du rayon dans son passage à travers le cristal de roche; car si le plan de polarisation était resté immobile, nous n'aurions eu que deux teintes fixes, une première teinte dépendante de l'épaisseur de la plaque, et la teinte complémentaire.

Il résulte de ce que nous venons de dire que le rayon de lumière blanche polarisée, qui a traversé un cristal de roche taillé perpendiculairement à l'axe, est réellement dispersé au point de vue du plan de polarisation des divers rayons élémentaires, et dispersé circulairement. Chacun de ces rayons dispersés a son plan de polarisation propre distinct des autres, et pour l'éteindre il faut amener le plan principal ou la petite diagonale du prisme de Nicol dans une position déterminée qui change d'un rayon à l'autre. Il en résulte que, pendant que le prisme de Nicol tourne, il ne passe dans chaque position qu'un seul rayon, et que la lumière est ainsi en quelque sorte tamisée. Tel est le principe de la disposition d'appareil que M. Soleil a désigné sous le nom de Reproducteur de la teinte sensible et qui fait partie essentielle du saccharimètre. Cette disposition comprend la plaque de cristal de roche C, fig. 3, et le prisme de Nicol N. Lorsque le rayon lumineux sort polarisé de l'analyseur A, il est en général coloré par son passage à travers la dissolution sucrée, et il s'agit de le ramener à la teinte que nous avons désignée sous le nom de teinte sensible : cela se fait très-simplement, en faisant tourner, au moyen du bouton molleté B, le prisme de Nicol; la nuance du rayon change alors par degrés insensibles, en passant par toutes les nuances comprises entre le violet et le rouge; on s'arrête quand on a retrouvé la teinte sensible ou une teinte très-voisine.

Parmi les substances douées de pouvoir rotatoire ou qui font tourner le plan de polarisation du rayon lumineux, les unes font tourner ce plan de gauche à droite, ou vers la droite, comme tourne l'aiguille d'une montre, et on les appelle *dextrogyres;* les autres le font tourner de droite à gauche, et on les appelle *lévogyres :* le sucre cristallisable est dextrogyre, l'essence de térébenthine et le sucre incristallisable sont lévogyres. Le cristal de roche est tantôt dextrogyre, tantôt lévogyre, suivant les modifications de sa forme cristalline : il peut même arriver, et il arrive quelquefois qu'une même plaque de cristal de roche taillée perpendiculairement à l'axe soit formée en partie de cristal dextrogyre, en partie de cristal lévogyre, lorsque deux cristaux de rotation contraire se sont compénétrés et comme soudés. Par cela même que les substances dextrogyres et lévogyres font tourner le plan de rotation en sens contraire, lorsqu'on analysera avec le prisme de Nicol la lumière polarisée qui les aura traversées, les changements de teinte produits par la rotation de l'analyseur auront lieu en sens contraire : si pour l'une des substances la teinte monte, c'est-à-dire si la nuance passe de la couleur la moins réfrangible à la couleur la plus réfrangible, du rouge au violet; pour l'autre substance, la teinte descendra, ou la nuance passera de la couleur la plus réfrangible à la couleur la moins réfrangible, du violet au rouge. On constaterait ce fait sans peine en remplissant tour à tour le tube du saccharimètre d'une solution de sucre cristallisable et d'essence de térébenthine. On le constate mieux encore à l'aide de la *plaque à deux rotations* R, formée de deux plaques de quartz perpendiculaire d'égale épaisseur, accolées l'une à l'autre, et de rotations contraires, l'une dextrogyre, l'autre lévogyre.

14e expérience. Si, tenant de la main gauche la plaque à deux rotations, et de la main droite le prisme de Nicol, on reçoit à travers la plaque et le prisme un rayon de lumière polarisée par réflexion sur une glace noire ou une table d'acajou, on verra : 1° que les deux moitiés de l'image colorée n'auront la même nuance, que lorsque le plan de la section principale du prisme coïncidera avec le plan de polarisation ou de réflexion du rayon, c'est-à-dire lorsque la grande diagonale du prisme sera horizontale; 2° que si, en partant de cette égalité de teintes, on fait tourner le prisme de

Nicol, les deux moitiés de l'image prendront des teintes, non-seulement différentes, mais opposées, en ce sens que la teinte primitive a marché d'un côté vers une teinte plus réfrangible, de l'autre vers une teinte moins réfrangible. Si la rotation du prisme de Nicol analyseur se fait de gauche à droite, ou vers la droite, la teinte de la plaque dextrogyre monte vers une couleur supérieure, tandis que la teinte de la plaque lévogyre descend : le mouvement étant égal de part et d'autre, mais en sens inverse, il en résulte que la différence est double et très-sensible pour l'œil le moins exercé. On conçoit dès lors que la plaque à deux rotations rendra beaucoup plus facile l'étude de la mesure du pouvoir rotatoire des différentes substances qui en sont douées. Si, en effet, entre la plaque à deux rotations éclairée par de la lumière polarisée et l'analyseur fixé dans une position telle que les nuances des deux moitiés du disque soient parfaitement identiques, on interpose soit une plaque à faces parallèles de la substance solide, soit une colonne fermée par deux glaces parallèles de la substance liquide douée de la propriété de dévier le plan de polarisation du rayon, l'identité de teinte sera détruite, et pour la rétablir il faudra faire tourner le prisme analyseur d'un certain angle : cet angle, proportionnel à la quantité de pouvoir rotatoire de la substance solide ou liquide, lui servira naturellement de mesure ; ce pouvoir sera ainsi exprimé en nombre de degrés, minutes, secondes, etc. Mais il est incomparablement plus facile de juger de l'identité de deux teintes juxtaposées, que de prononcer qu'un rayon lumineux est exactement ramené à son minimum d'intensité, ou, revenu à une teinte donnée, la teinte de passage, par exemple, qui n'est en elle-même rien d'absolu. Dans ces derniers cas, en effet, la sensibilité de l'œil de l'observateur, l'intensité de la lumière incidente et la coloration du corps solide ou liquide interposé exercent nécessairement une très-grande influence sur le jugement à porter, tandis que ces causes perturbatrices s'éliminent d'elles-mêmes lorsqu'il s'agit de prononcer sur l'identité de deux teintes juxtaposées.

M. Biot a démontré les propositions suivantes : 1° Le pouvoir rotatoire est inhérent aux dernières particules des corps, et proportionnel au nombre de molécules placées sur le passage du rayon polarisé, et par conséquent à l'épaisseur de la plaque solide ou à la longueur de la colonne liquide à faces parallèles. 2° Tant que la substance solide conserve le mode d'agrégation de ses molécules qui la constitue dans son état naturel ou sa structure normale; tant que la substance liquide conserve sa composition chimique, elles conservent aussi leur pouvoir rotatoire. 3° Si l'on superpose plusieurs plaques solides, ou si l'on mêle plusieurs liquides doués du pouvoir rotatoire et sans action chimique l'un sur l'autre, la rotation produite par l'ensemble des plaques solides, ou le mélange des liquides est toujours la somme ou la différence des rotations que les substances unies ou mélangées produiraient séparément; la somme, si elles sont toutes dextrogyres ou lévogyres, la différence, si les unes sont dextrogyres et les autres lévogyres. 4° A l'exception de l'acide tartrique, les substances organiques douées de la propriété rotatoire l'exercent suivant les mêmes lois que le quartz, de sorte que si une lame de quartz d'un millimètre produit, au sens de la rotation près, la même déviation du plan de polarisation qu'une colonne d'essence de térébenthine de 68 millimètres et demi de longueur; un multiple ou une fraction d'un millimètre de quartz produira la même déviation que le même multiple ou la même fraction de la longueur 68,5 de la colonne de térébenthine : que si 1 millimètre de quartz produit la même déviation qu'une colonne de dissolution de sucre cristallisable de 200 millimètres de longueur, renfermant 16 grammes 350 milligr. de sucre pur ; la moitié, le tiers, le quart, etc., d'un millimètre de quartz déviera autant le plan de polarisation du rayon qu'une colonne d'eau de 200 millimètres, renfermant la moitié, le tiers, le quart, etc., de 16, 350 de sucre : que si l'on combine une lame de quartz dextrogyre d'un millimètre d'épaisseur ou d'une fraction de millimètre avec une colonne d'essence de térébenthine de 68 millimètres 5 de longueur, ou de la même fraction de 68 millimètres 5, il y aura compensation exacte, et l'on n'observera aucune rotation : qu'il en sera de même si l'on combine une plaque de quartz lévogyre d'un millimètre ou d'une fraction de millimètre d'épaisseur, avec une colonne d'eau de 200 millimètres de longueur, renfermant 16 gr. 350, ou la même fraction de 16 gr. 350 de sucre cristallisable.

Il en résulte que s'il était possible d'avoir à sa disposition une série de plaques de quartz de rotations contraires et d'épaisseurs variant par degrés insensibles, on pourrait, en les associant successivement avec les substances douées de pouvoir rotatoire, arriver dans tous les cas à une neutralisation parfaite, et exprimer par conséquent en nombre, en millimètres et en fractions de millimètre de quartz, ou mieux en multiples ou en fractions du pouvoir rotatoire du quartz pris pour unité, les pouvoirs rotatoires de toutes les autres substances. Or le compensateur de M. Soleil, dont il nous reste à donner la description, réalise cette série indéfinie de plaques de quartz qu'il serait rigoureusement impossible de se procurer isolément, et dont l'emploi serait très-compliqué et très-embarrassant. Le compensateur se compose essentiellement, pl. I, fig. 6_2, 6_3, 6_4, 6_5, de deux longs prismes de quartz, tous deux dextrogyres ou tous deux lévogyres, rectangulaires et parfaitement identiques, formant par leur superposition un parallélipipède rectangle dont ils sont comme les deux moitiés égales. Ils sont montés de manière à s'avancer parallèlement l'un sur l'autre. Dans leur position normale, lorsqu'ils forment parallélipipède, l'épaisseur de la partie moyenne est égale au petit côté du prisme opposé à l'arête du sommet; si on fait éloigner les deux arêtes l'une de l'autre, l'épaisseur du quartz de la partie moyenne augmente incessamment jusqu'à devenir double de ce qu'elle était primitivement; si au contraire on fait marcher les deux arêtes l'une vers l'autre, l'épaisseur en quartz de la partie moyenne diminue indéfiniment et se réduit à zéro lorsque les deux arêtes coïncident. Donc, par le moyen du compensateur, on peut interposer sur le trajet du rayon des épaisseurs de quartz variant par degrés insensibles depuis zéro jusqu'au double de la petite hauteur du prisme rectangulaire. Pour mesurer le pouvoir rotatoire des substances liquides et solides, il suffirait donc de placer au delà de la plaque solide ou de la colonne liquide un ensemble de deux prismes rectangulaires que l'on ferait marcher au moyen d'une vis micrométrique munie d'un cadran dont l'index indiquerait l'épaisseur de quartz interposée au moment où l'identité de teinte détruite par l'introduction sur le passage du rayon de la substance douée de pouvoir rotatoire serait établie. Quand on aurait affaire à des substances dextrogyres, le compensateur devrait être formé de lames prismatiques lévogyres, et réciproquement. Mais si l'on s'était contenté d'un simple ensemble de deux lames prismatiques, la détermination de pouvoirs rotatoires très-intenses pourrait devenir impossible si elle dépassait la limite de l'instrument; tandis que la détermination de pouvoirs rotatoires très-faibles serait très-délicate et très-incertaine, parce que les arêtes des prismes n'ont jamais une épaisseur nulle. Il est un moyen bien simple de parer à tous ces inconvénients : il consiste à placer en avant du compensateur une plaque de quartz additionnelle fixe, de rotation contraire à celle du compensateur : elle pourrait être de même épaisseur que l'ensemble des deux lames prismatiques, mais dans la pratique on la fait plus ou moins épaisse; plus épaisse si le compensateur est dextrogyre, moins épaisse si le compensateur est lévogyre, et que l'on veuille opérer sur une substance dextrogyre, comme le sucre cristallisable.

Le principal effet de la plaque additionnelle, combinée comme nous venons de l'indiquer, est de permettre avec un même compensateur d'étudier les substances de pouvoir rotatoire inverse; car, suivant la position des lames prismatiques, l'ensemble de la plaque fixe et du compensateur formera un compensateur unique, soit dextrogyre, soit lévogyre.

Nous n'avons plus que quelques mots à ajouter pour mettre en évidence le mode de graduation de l'appareil et la construction de l'échelle sur laquelle on lit la richesse en sucre de la dissolution essayée.

1° Les plans principaux du prisme analyseur A et du prisme polariseur P sont placés à angle droit, c'est-à-dire que ces deux prismes, dont la position dans l'instrument est absolument fixe, sont placés de telle sorte, que le rayon qui traverse leur ensemble soit complétement éteint :

2° Les deux lames prismatiques du compensateur sont amenées dans une position telle, que la somme de leurs épaisseurs étant égale à celle de la plaque additionnelle, l'ensemble de cette plaque et du compensateur forme un système neutre mis en évidence par l'égalité parfaite de teinte des deux demi-disques de la plaque à deux rotations; on écrit alors zéro au-dessus de l'index sur l'échelle du compensateur :

3° On met sur le trajet du rayon une plaque de cristal de roche dextrogyre d'un millimètre d'épaisseur, fixée au bout d'un tube analogue à celui du saccharimètre; l'égalité de teintes est troublée, et pour la rétablir il faut tourner le bouton H et mettre en mouvement les lames du compensateur; quand l'égalité est rétablie, on marque sur l'échelle le nombre 100, et l'on partage en cent parties égales l'intervalle compris entre 0 et 100. Puisque la rotation du cristal de roche est proportionnelle à son épaisseur, chaque division de l'échelle mesurera par conséquent le pouvoir rotatoire d'un centième de millimètre de quartz; et parce que la rotation d'un millimètre de quartz correspond à celle d'une colonne de dissolution sucrée de 200 millimètres de longueur renfermant 16 grammes 350 milligrammes de sucre, chaque division de l'échelle indiquera la présence de 0^{g},163 milligrammes de sucre dans la colonne de 200 millimètres de longueur. L'échelle du compensateur n'est pas bornée à 100 divisions, on l'a prolongée à gauche de 50 divisions pour pouvoir opérer entre des limites plus étendues; la partie droite au contraire ne contient que 50 divisions, parce qu'elle sert à l'appréciation du pouvoir rotatoire du sucre interverti, pouvoir beaucoup plus faible, puisqu'après l'interversion la déviation 100 produite par la colonne de dissolution de 200 millimètres renfermant 16^{g},350 de sucre n'est plus que de 38 divisions à la température de 12°, et varie avec la température. Nous n'avons pas à insister sur cette interversion, qui est un phénomène chimique résultant d'une modification des groupes moléculaires de la substance rotatoire, et qu'il faut accepter comme un fait.

6° *Marche et modifications du rayon lumineux dans le saccharimètre.*

Il ne reste plus, pour rendre cette explication complète, qu'à indiquer en quelques mots la marche du rayon lumineux et la succession des modifications qu'il subit dans chacun des éléments et dans l'ensemble de l'appareil.

1° Le rayon arrive en divergeant au polariseur lenticulaire P; mais, comme l'ouverture de la partie objective est au foyer de la lentille, le rayon divergent devient un faisceau de rayons parallèles, ce qui était nécessaire. Ce faisceau, en pénétrant dans la substance du prisme biréfringent, se dédouble et donne naissance à deux faisceaux de lumière polarisée : l'un de ces faisceaux, le faisceau extraordinaire *e*, est assez dévié pour ne plus pouvoir pénétrer dans l'appareil, et va se perdre dans l'enveloppe noircie du tuyau : le rayon ordinaire *o* continue sa route et traverse la plaque à deux rotations, moitié par un des demi-disques, moitié par l'autre.

2° Les deux moitiés subissent les actions contraires des deux demi-plaques du cristal à deux rotations R; le plan de polarisation de l'un tourne à droite, le plan de polarisation de l'autre tourne à gauche; mais ces deux rotations opposées n'ont qu'un effet passager et dont on peut ne pas tenir compte, parce qu'au commencement de chaque opération et avant d'interposer le tube rempli de la dissolution saccharifère à essayer, on a soin de rétablir l'égalité de teintes, ce qui ramène équivalemment au même plan de polarisation les deux moitiés du faisceau transmis par la plaque à deux rotations : par cela même, en effet, que les deux plans principaux des prismes polariseur et analyseur P et A sont perpendiculaires l'un à l'autre, et que le compensateur est à zéro, les deux moitiés du faisceau lumineux montrent la même teinte, celle qui correspond à l'épaisseur de la plaque à deux rotations; et, dans cette position unique, l'effet des rotations contraires est annulé pour l'œil, ou compensé.

3° Si, comme nous le supposerons, le tube contenant la solution saccharifère est en place, les deux demi-faisceaux subiront une rotation commune nouvelle qui augmentera la rotation primitive de l'un, du rayon qui a traversé la demi-plaque dextrogyre si la solution renferme du sucre cristallisable; qui diminuera la rotation de l'autre : par cela même, la neutralisation ou compensation, résultat nécessaire des positions rectangulaires des plans principaux du polariseur et de l'analyseur, n'existe plus; et la rupture d'équilibre se manifeste par une différence de teinte entre les deux demi-disques de la plaque à deux rotations, différence que l'on fait disparaître en faisant mouvoir le bouton H du compensateur et amenant sur le trajet des faisceaux des épaisseurs égales de quarts de rotations de même sens entre elles, mais de sens contraire à celle produite par le liquide. La rotation de l'un des faisceaux est ainsi diminuée de la quantité dont le liquide l'avait fait augmenter; la rotation de l'autre faisceau est augmentée de la quantité dont le liquide l'a fait diminuer; les rotations des deux faisceaux lumineux sont donc redevenues égales tout en restant en sens contraire, elles sont ce qu'elles étaient en sortant de la plaque à deux rotations.

4° Les deux faisceaux arrivent donc au prisme biréfringent analyseur A dans les mêmes conditions que primitivement, l'égalité de teinte est rétablie, les deux demi-disques apparaissent colorés de la même nuance; ou mieux, c'est précisément parce qu'ils sont colorés de la même nuance qu'il est parfaitement certain que l'action rotatoire du liquide saccharifère a été détruite par l'action contraire du compensateur, et qu'elle est par conséquent mesurée ou exprimée en nombre par le chiffre lu sur l'échelle de l'appareil. En pénétrant dans le prisme biréfringent analyseur A, les deux moitiés du faisceau lumineux subissent la double réfraction; mais ici, comme pour le prisme polariseur P, les deux rayons extraordinaires sont rejetés en dehors de l'axe de l'instrument, et ne peuvent pas arriver à l'œil qui regarde d'une assez grande distance.

5° Mais la teinte uniforme des deux demi-disques n'est plus la teinte sensible due à l'épaisseur 7mm,50 de la plaque à deux rotations, parce que la solution a ajouté sa couleur propre, et il faut absolument revenir à la teinte sensible; pour cela, les deux demi-faisceaux, ramenés au même plan de polarisation, traversent la plaque de cristal de roche C qui disperse circulairement et étale en éventail les couleurs élémentaires dont leur nuance se compose, en donnant à chacune de ces couleurs un plan de polarisation différent.

6° Le prisme de Nicol N du recomposeur de teinte ne laisse passer à la fois qu'une seule de ces couleurs, suivant la position qu'on lui donne au moyen du bouton B, mais il donne accès à chacune, tour à tour, dans son mouvement de rotation sur lui-même, et l'on arrête ce mouvement de rotation quand on voit reparaître la teinte sensible ou une teinte très-voisine.

7° La petite lunette de Galilée, formée de la lentille objective L et de la lentille oculaire L′ placées à des distances convenables, en tenant compte des substances interposées sur le chemin du rayon, a pour but de rendre la vision à distance très distincte et de donner au pointé une précision plus grande.

8° Le rôle de l'œilleton D n'a pas besoin d'être expliqué : il exclut toute lumière étrangère.

FIN.

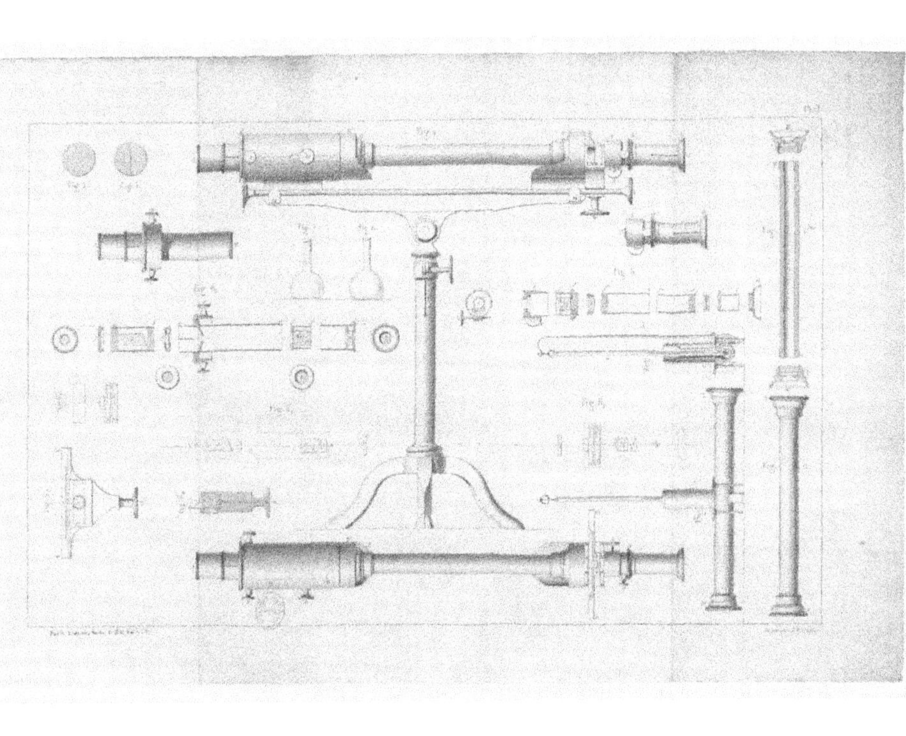

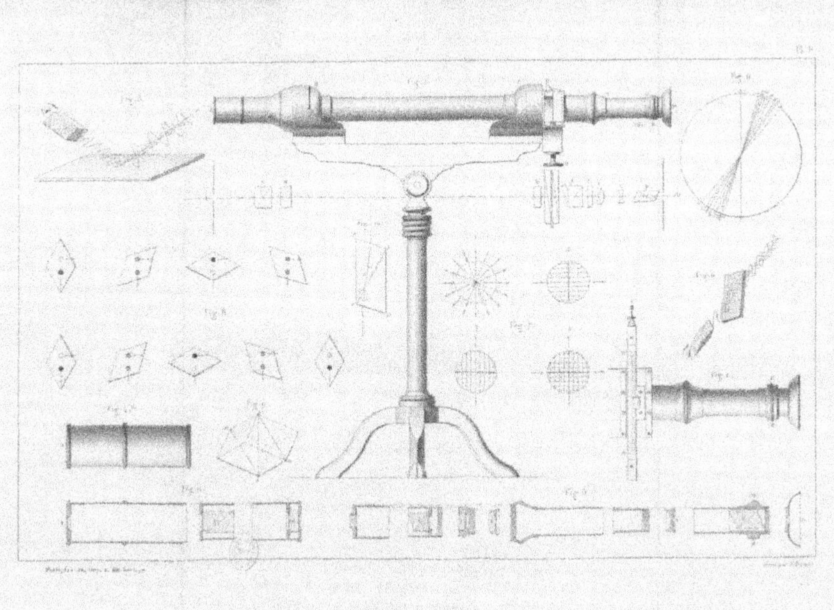

SOCIÉTÉ D'ENCOURAGEMENT :

Conclusions du rapport de M. Balard au nom du comité des arts chimiques.

« Nous pouvons donc assurer que le procédé d'analyse des matières sucrées par le Saccharimètre, pour lequel nous sollicitons votre approbation, est d'une exactitude irréprochable, et d'une sensibilité plus grande que celle que demandait le programme, qui se contentait d'une indication fidèle à deux centièmes près. Les indications fournies par l'instrument sont assez faciles à saisir pour qu'au bout d'une heure au plus d'apprentissage des observateurs différents tombent tous sensiblement sur les mêmes nombres.

» Le procédé saccharimétrique est donc exact et manufacturier. Le problème de la saccharimétrie, tel que vous l'avez posé, se trouve par conséquent résolu, et nous venons avec confiance vous demander de décerner le prix de 2,000 francs que vous avez proposé pour la solution de cette importante question à M. Clerget pour sa méthode, et à M. Soleil pour l'instrument qui en facilite l'application. »

De plus, la Société d'encouragement, dans sa séance annuelle du 31 juillet 1847, a décerné à M. Soleil une médaille d'or.

M. Soleil a inventé le Saccharimètre; mais M. Clerget, prenant pour base et pour point de départ les travaux de M. Biot, a complétement formulé la saccharimétrie, et, à ce titre, il a partagé avec M. Soleil le prix fondé et décerné par la Société d'encouragement. La brochure que M. Clerget a publiée chez M. Victor Masson, place de l'École-de-Médecine, sous ce titre : *Analyse des substances saccharifères au moyen des propriétés optiques de leurs dissolutions; évaluations du rendement industriel;* est le complément indispensable de notre travail.

Le jury de l'Exposition universelle de Londres a couronné le Saccharimètre comme un appareil très-ingénieux, très-précis, éminemment pratique, et lui a accordé sa plus grande médaille (council-medal).

Le jury central de l'Exposition des produits de l'agriculture et de l'industrie, sur rapport de MM. Pouillet et Séguier, proclame que M. Soleil a rendu d'immenses services à l'optique, et s'est créé, par ses appareils de polarisation et le Saccharimètre, une spécialité nouvelle dans laquelle il est parvenu à une incontestable supériorité : il ne lui a pas décerné seulement une médaille d'or, il a sollicité et obtenu pour lui la décoration de la Légion d'honneur.

Dans son rapport sur la loi des sucres, lu à l'Assemblée législative le 25 janvier 1851, M. Beugnot a consigné les déclarations par lesquelles M. Dumas, membre de l'Institut et ministre du commerce; M. Grétrin, directeur général des douanes; M. Adam, directeur général des contributions indirectes, affirment, après de nombreuses expériences faites par leurs ordres et sous leurs yeux, que les indications du Saccharimètre sont parfaitement nettes et précises.

EXTRAIT DU CATALOGUE DE M. JULES DUBOSCQ,

Élève, gendre et successeur de M. Soleil,

21, RUE DE L'ODÉON, AU FOND DE LA COUR.

Saccharimètre-Soleil garni de ses tubes.

Nécessaire complet avec balance, lampe, etc., pour l'application de la méthode de M. Clerget.

Appareil producteur de lumière, contenant dans son sein la lampe ordinaire, électrique ou autre, et auquel s'adaptent le tuyau à un ou à deux corps, le microscope solaire, etc., et toutes les pièces nécessaires aux diverses expériences d'optique.

Lampe électrique, appareil régulateur et fixateur de la lumière électrique.

Porte-lumière à deux corps et à double système lenticulaire, pour les effets de polyorama et de dissolving views, avec une seule source de lumière.

Appareil lenticulaire formant microscope électrique.

Cuves avec électrodes, pour la manifestation par projection sur un vaste écran des phénomènes de décompositions chimiques sous l'action de la pile, arbre de Saturne, etc., etc.

Collection très-complète de tableaux astronomiques avec et sans mouvement. Tableaux de géographie, de géologie, d'histoire naturelle, de météorologie, de machines, etc., etc., pour la manifestation en grand du spectacle et des phénomènes de la nature, et la démonstration des principes fondamentaux des sciences physiques.

Collection très-variée de vues photographiques pour les effets de fantasmagorie.

Vues peintes pour le polyorama.

Collection très-complète et très-variée de stéréoscopes par réfraction ou par réflexion totale. Modèles de toutes grandeurs, depuis le sixième de plaque, jusqu'à plaque entière; et pouvant même faire superposer des images de trois mètres de hauteur, projetées sur un écran.

Grand choix d'épreuves stéréoscopiques sur plaque, sur papier, sur verre. Images de solides, de constructions dans l'espace, de cristaux, de minéraux, de plantes, d'animaux obtenus photographiquement, et vus, à l'aide du stéréoscope omnibus, tels qu'ils sont dans la nature, avec leurs reliefs et leurs creux. Le stéréoscope omnibus et son application à la production des albums et des atlas stéréoscopiques sont la propriété de M. Jules Duboscq.

PARIS. TYPOGRAPHIE DE PLON FRÈRES, RUE DE VAUGIRARD, 36.

www.ingramcontent.com/pod-product-compliance
Ingram Content Group UK Ltd.
Pitfield, Milton Keynes, MK11 3LW, UK
UKHW021508260726
13993UKWH00004B/1607